中国水资源公报
2014

中华人民共和国水利部　编

中国水利水电出版社
www.waterpub.com.cn

图书在版编目（ＣＩＰ）数据

中国水资源公报. 2014 / 中华人民共和国水利部编
－－ 北京 ： 中国水利水电出版社，2015.8
ISBN 978-7-5170-3531-2

Ⅰ．①中… Ⅱ．①中… Ⅲ．①水资源－公报－中国－
2014 Ⅳ．①TV211

中国版本图书馆CIP数据核字(2015)第194650号

审图号：GS（2015）1948号

书　　　名	中国水资源公报 2014
作　　　者	中华人民共和国水利部　编
出 版 发 行	中国水利水电出版社
	（北京市海淀区玉渊潭南路1号D座　100038）
	网址：www.waterpub.com.cn
	E-mail：sales@waterpub.com.cn
	电话：(010) 68367658（发行部）
经　　　售	北京科水图书销售中心（零售）
	电话：(010) 88383994、63202643、68545874
	全国各地新华书店和相关出版物销售网点
排　　　版	中国水利水电出版社装帧出版部
印　　　刷	北京博图彩色印刷有限公司
规　　　格	210mm×285mm　16开本　3.25印张　77千字
版　　　次	2015年8月第1版　2015年8月第1次印刷
印　　　数	0001—1500 册
定　　　价	48.00 元

目录
contents

说明：1.《中国水资源公报2014》中涉及的全国性数据是现有设施监测统计分析结果，均未包括香港特别行政区、澳门特别行政区和台湾省。

2.《中国水资源公报2014》中涉及的水文常年值是指多年平均值，全国统一采用1956—2000年系列的平均值。

东、中、西部地区划分

东部地区：北京、天津、河北、辽宁、上海、江苏、浙江、福建、山东、广东、海南。

中部地区：山西、吉林、黑龙江、安徽、江西、河南、湖北、湖南。

西部地区：内蒙古、广西、重庆、四川、贵州、云南、西藏、陕西、甘肃、青海、宁夏、新疆。

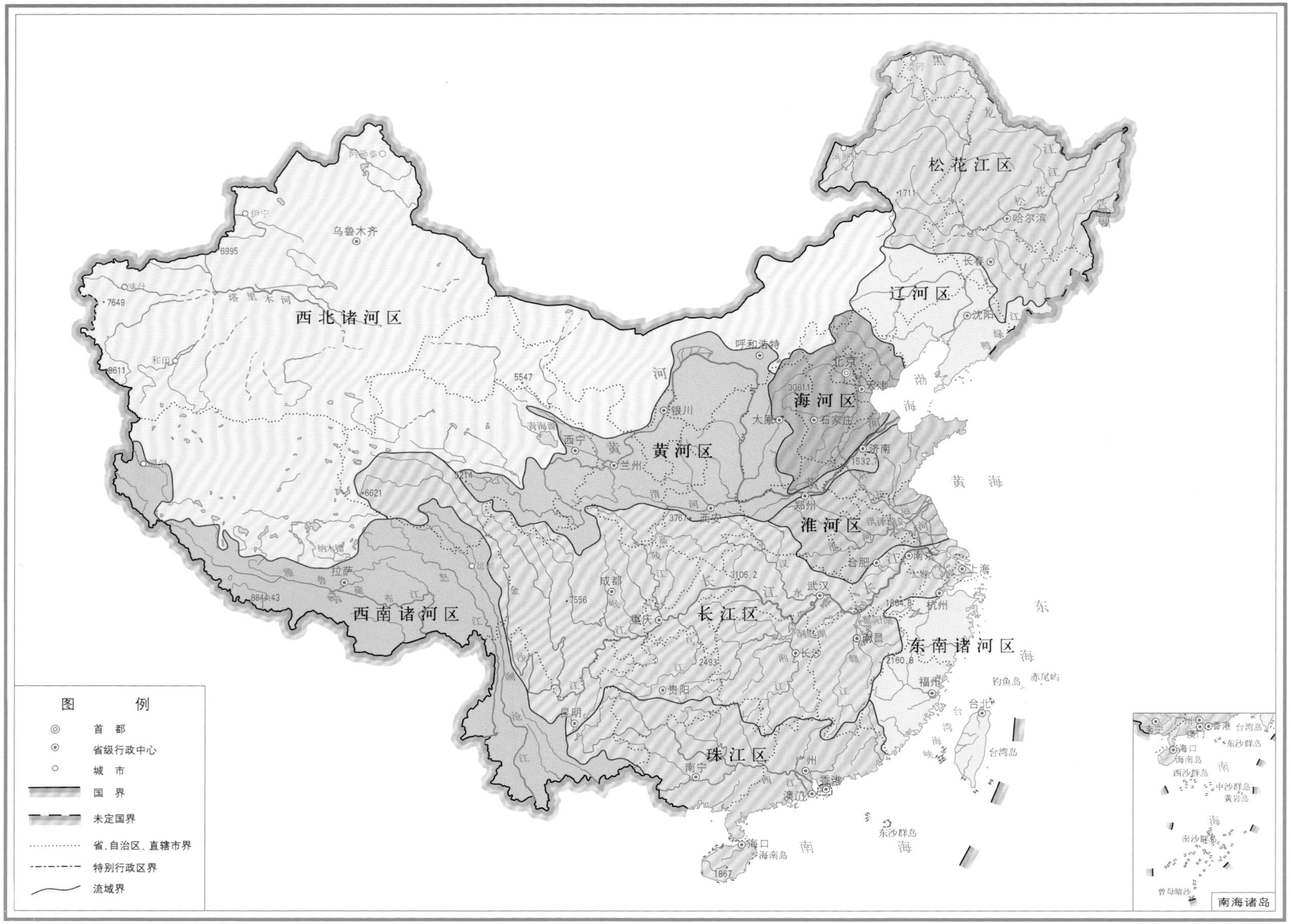

松花江区
辽河区
海河区
黄河区
淮河区
长江区
东南诸河区
珠江区
西南诸河区
西北诸河区
哈尔滨
长春
沈阳
北京
天津
石家庄
太原
济南
呼和浩特
银川
兰州
西宁
西安
郑州
合肥
南京
上海
杭州
武汉
长沙
南昌
福州
台北
成都
重庆
贵阳
昆明
南宁
广州
香港
澳门
海口
拉萨
乌鲁木齐
黄海
东海
南海
渤海
钓鱼岛
赤尾屿
台湾岛
海南岛
东沙群岛
南海诸岛
图例
首都
省级行政中心
城市
国界
未定国界
省、自治区、直辖市界
特别行政区界
流域界
全国水资源一级区示意图

一、综述

2014年，全国平均降水量622.3mm，与常年值基本持平。全国地表水资源量26263.9亿m³，比常年值偏少1.7%；地下水资源量7745.0亿m³，比常年值偏少4.0%；地下水与地表水资源不重复量1003.0亿m³，水资源总量27266.9亿m³，比常年值偏少1.6%。

2014年，从国境外流入我国境内的水量187.0亿m³，从我国流出国境的水量5386.9亿m³，流入界河的水量1217.8亿m³；全国入海水量16329.7亿m³，比2013年增加723.3亿m³。

2014年，全国601座大型水库和3310座中型水库年末蓄水总量比年初增加229.2亿m³。北方平原地下水开采区年末浅层地下水储存量比年初减少72.5亿m³。

2014年，全国总供水量和总用水量均为6095亿m³。其中，地表水源供水量4921亿m³，占80.8%；地下水源供水量1117亿m³，占18.3%；其他水源供水量57亿m³，占0.9%。生活用水767亿m³，占12.6%；工业用水1356亿m³，占22.2%；农业用水3869亿m³，占63.5%；生态环境补水（仅包括人工措施供给的城镇生态环境用水和部分河湖、湿地补水）103亿m³，占1.7%。全国用水消耗总量3222亿m³，耗水率（消耗总量占用水总量的百分比）53%。全国废污水排放总量771亿t（不包括火电直流冷却水排放量和矿坑排水量）。

2014年，全国人均综合用水量447m³，万元国内生产总值（当年价）用水量96m³。耕地实际灌溉亩均用水量402m³，农田灌溉水有效利用系数0.530，万元工业增加值（当年价）用水量59.5m³，城镇人均生活用水量（含公共用水）213L/d，农村居民人均生活用水量81L/d。按可比价计算，万元国内生产总值用水量和万元工业增加值用水量分别比2010年下降26%和32%。

2014年，全国评价河长21.6万km，水质状况总体为中，Ⅰ～Ⅲ类水质河长比例为72.8%，比2013年提高3.3个百分点。评价湖泊121个，Ⅰ～Ⅲ类水质湖泊个数比例为32.2%，76.9%的湖泊处于富营养状态。评价水库661座，Ⅰ～Ⅲ类水质水库座数比例为80.8%；其中635座水库进行了营养状况评价，37.3%的水库处于富营养状态。评价

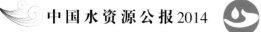

全国重要江河湖泊水功能区3027个，符合水功能区限制纳污红线主要控制指标达标要求的有2056个，达标率为67.9%。评价省界断面527个，Ⅰ～Ⅲ类水质断面比例为64.9%。

二、水资源量

（一）降水量

2014年，全国平均降水量622.3mm，与常年值基本持平，比2013年减少3.8%。1956—2014年全国年降水量变化见图1。2014年全国年降水量的地区分布见图2，年降水量距平❶的地区分布见图3。

从水资源分区看，松花江区、辽河区、海河区、黄河区、淮河区、西北诸河区6个水资源一级区（以下简称北方6区）平均降水量为316.9mm，比常年值偏少3.4%，比2013年减少12.6%；长江区（含太湖流域）、东南诸河区、珠江区、西南诸河区4个水资源一级区（以下简称南方4区）平均降水量为1205.3mm，与常年值基本持平，比2013年增加1.0%。10个水资源一级区中，辽河区、海河区、淮河区、西南诸河区和西北诸河区降水量比常年值偏少，其中辽河区和海河区分别偏少21.9%和20.2%；其他水资源一级区降水量比常年值偏多，其中黄河区比常年值偏多9.3%。与2013年比较，

图1　1956—2014年全国年降水量变化图

---

❶ 距平是指当年降水量与常年值的差。

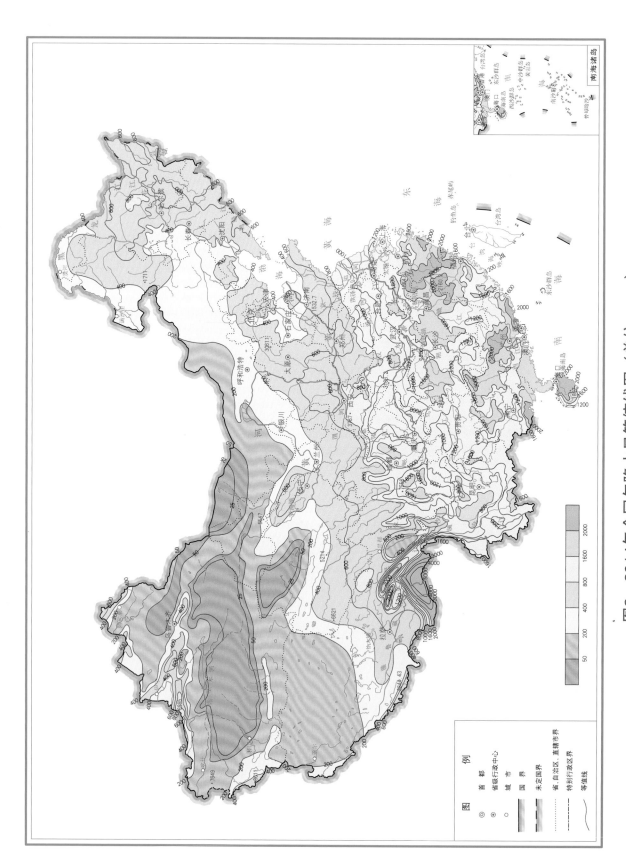

图2 2014年全国年降水量等值线图（单位：mm）

注：本图未包括香港特别行政区、澳门特别行政区和台湾省的数据。

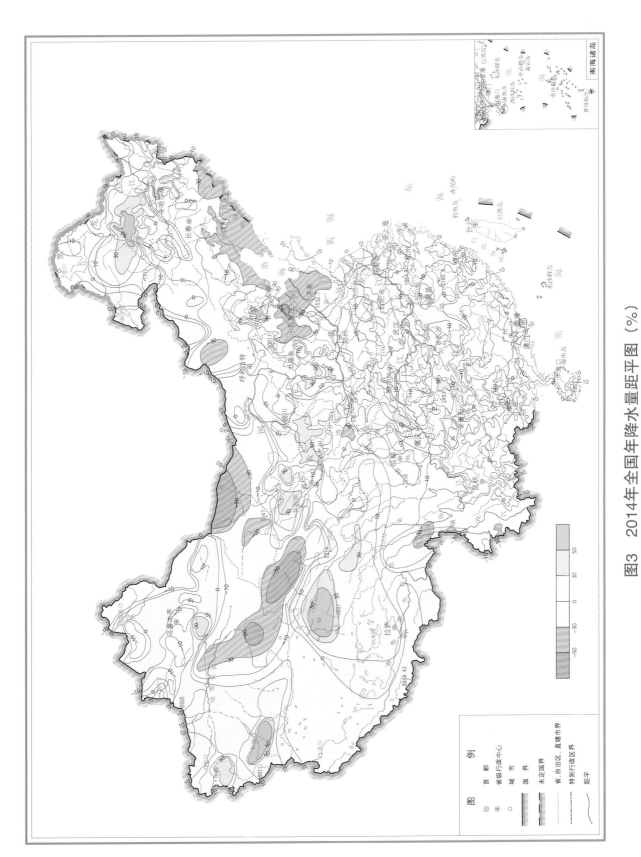

图3 2014年全国年降水量距平图（%）

注：本图未包括香港特别行政区、澳门特别行政区和台湾省的数据。

除黄河区、淮河区、长江区和东南诸河区的降水量增加外，其他水资源一级区的降水量均有不同程度的减少，其中辽河区、松花江区和海河区分别减少26.1%、24.0%和22.0%。2014年各水资源一级区降水量与2013年和常年值比较见表1和图4。

表1 2014年各水资源一级区降水量与2013年和常年值比较

水资源一级区	降水量/mm	与2013年比较增减/%	与常年值比较增减/%	水资源一级区	降水量/mm	与2013年比较增减/%	与常年值比较增减/%
全 国	622.3	-3.8	-0.8	淮河区	784.0	10.6	-6.5
北方6区	316.9	-12.6	-3.4	长江区	1100.6	7.0	1.3
南方4区	1205.3	1.0	0.4	其中：太湖流域	1288.3	18.1	8.7
松花江区	511.9	-24.0	1.5	东南诸河区	1779.1	10.5	7.2
辽河区	425.5	-26.1	-21.9	珠江区	1567.1	-10.2	1.2
海河区	427.4	-22.0	-20.2	西南诸河区	1036.8	-2.1	-4.7
黄河区	487.4	1.2	9.3	西北诸河区	155.8	-11.7	-3.4

注：西北诸河区计算面积占北方6区的55.5%，长江区计算面积占南方4区的52.2%。

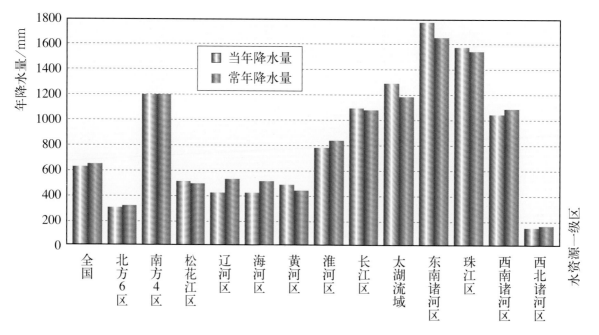

图4 2014年各水资源一级区降水量与常年值比较图

注：长江区包括太湖流域。

从行政分区看，东部11个省级行政区（以下简称东部地区）平均降水量1045.8mm，比常年值偏少5.4%；中部8个省级行政区（以下简称中部地区）平均降水量925.4mm，比常年值偏多1.1%；西部12个省级行政区（以下简称西部地区）平均降水量501.0mm，与常年值基本持平。在31个省级行政区中，降水量比常年值偏多的有

中国水资源公报 2014

17个省（自治区、直辖市），其中宁夏、上海和青海3个省（自治区、直辖市）偏多20%以上；比常年值偏少的有14个省（自治区、直辖市），其中辽宁、北京、天津、山东和河北5个省（直辖市）偏少20%以上。2014年各省级行政区降水量与2013年和常年值比较见表2和图5。

表2　2014年各省级行政区降水量与2013年和常年值比较

省　级行政区	降水量/mm	与2013年比较增减/%	与常年值比较增减/%	省　级行政区	降水量/mm	与2013年比较增减/%	与常年值比较增减/%
全　国	622.3	−3.8	−0.8	山　东	518.8	−23.9	−23.7
东部地区	1045.8	−11.3	−5.4	河　南	725.9	25.9	−5.9
中部地区	925.4	1.3	1.1	湖　北	1130.7	9.1	−4.2
西部地区	501.0	−3.3	−0.1	湖　南	1503.2	11.0	3.7
北　京	438.8	−12.4	−26.7	广　东	1691.2	−22.4	−4.5
天　津	423.1	−8.5	−26.4	广　西	1582.8	−6.7	3.0
河　北	408.2	−23.2	−23.2	海　南	1993.0	−16.7	13.9
山　西	542.9	−7.7	6.7	重　庆	1270.0	19.4	7.3
内蒙古	280.0	−11.3	−0.8	四　川	926.1	−10.9	−5.4
辽　宁	453.6	−39.6	−33.1	贵　州	1273.3	29.7	8.0
吉　林	518.2	−34.6	−14.9	云　南	1143.4	−3.9	−10.6
黑龙江	563.1	−20.4	5.6	西　藏	574.6	0.0	0.5
上　海	1342.2	31.5	23.2	陕　西	703.3	−0.7	7.2
江　苏	1044.5	25.3	5.0	甘　肃	294.3	−9.4	−2.3
浙　江	1771.7	11.5	10.6	青　海	349.3	16.9	20.3
安　徽	1278.5	24.9	9.0	宁　夏	363.9	14.2	26.1
福　建	1705.0	4.8	1.6	新　疆	145.6	−21.7	−5.9
江　西	1668.6	14.0	1.8				

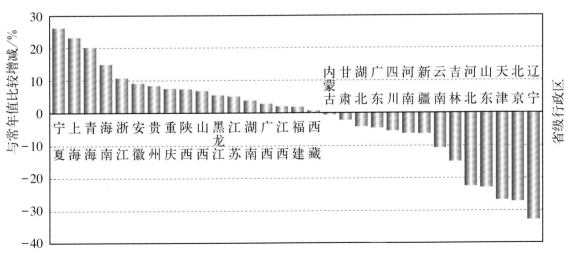

图5　2014年各省级行政区降水量与常年值比较图

7

（二）地表水资源量

地表水资源量是指河流、湖泊、冰川等地表水体逐年更新的动态水量，即当地天然河川径流量。2014年全国地表水资源量26263.9亿m³，折合年径流深277.4mm，比常年值偏少1.7%，比2013年减少2.3%。

从水资源分区看，北方6区地表水资源量为3810.8亿m³，折合年径流深62.9mm，比常年值偏少13.0%，比2013年减少31.1%；南方4区为22453.1亿m³，折合年径流深657.9mm，比常年值偏多0.6%，比2013年增加5.1%。在10个水资源一级区中，东南诸河区和松花江区比常年值分别偏多11.4%和8.5%；长江区和珠江区比常年值分别偏多1.7%和1.3%；其他水资源一级区均比常年值偏少，其中辽河区、海河区和淮河区分别偏少59.1%、54.6%和24.7%。与2013年比较，东南诸河区、长江区和淮河区偏多13.0%~16.2%，西南诸河区略偏多；其他水资源一级区均减少，其中辽河区、海河区和松花江区分别减少69.0%、44.4%和42.8%。2014年各水资源一级区天然年径流深与2013年和常年值比较见表3和图6。

表3　2014年各水资源一级区天然年径流深与2013年和常年值比较

水资源一级区	径流深/mm	与2013年比较增减/%	与常年值比较增减/%	水资源一级区	径流深/mm	与2013年比较增减/%	与常年值比较增减/%
全　国	277.4	−2.3	−1.7	淮河区	154.6	13.0	−24.7
北方6区	62.9	−31.1	−13.0	长江区	562.1	14.8	1.7
南方4区	657.9	5.1	0.6	其中：太湖流域	552.8	45.8	27.4
松花江区	150.4	−42.8	8.5	东南诸河区	1061.6	16.2	11.4
辽河区	53.2	−69.0	−59.1	珠江区	825.6	−9.8	1.3
海河区	30.7	−44.4	−54.6	西南诸河区	645.6	0.2	−5.6
黄河区	67.8	−6.8	−11.9	西北诸河区	32.5	−17.9	−6.9

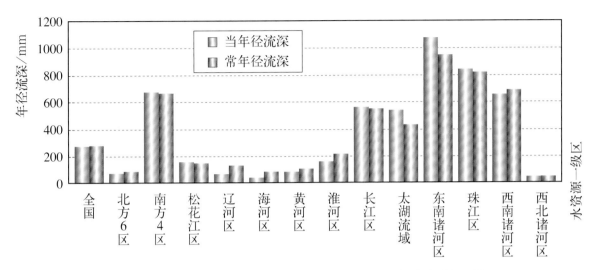

图6　2014年各水资源一级区天然年径流深与常年值比较图

注：长江区包括太湖流域。

从行政分区看，东部地区地表水资源量5022.9亿m³，折合年径流深471.3mm，比常年值偏少3.1%；中部地区地表水资源量6311.6亿m³，折合年径流深378.3mm，与常年值基本持平；西部地区地表水资源量14929.4亿m³，折合年径流深221.7mm，比常年值偏少1.9%。在31个省级行政区中，地表水资源量比常年值偏多的有14个省（自治区、直辖市），其中上海市偏多64.7%；比常年值偏少的有17个省（自治区、直辖市），其中北京、山东、河北、辽宁和河南5个省（直辖市）偏少40%以上。2014年各省级行政区天然年径流深与2013年和常年值比较见表4和图7。

2014年，从国境外流入我国境内的水量187.0亿m³，从我国流出国境的水量5386.9亿m³，流入界河的水量1217.8亿m³。

2014年，全国入海水量16329.7亿m³，比2013年增加723.3亿m³。其中辽河区入海水量69.9亿m³，海河区20.4亿m³，黄河区108.6亿m³，淮河区364.8亿m³，长江区9250.0亿m³，东南诸河区2073.9亿m³，珠江区4442.1亿m³。海河区和黄河区的入海水量分别约占当地地表水资源量的20%，辽河区的入海水量约占当地地表水资源量的40%，淮河区入海水量约占当地地表水资源量的70%，珠江区、长江区和东南诸河区入海水量占当地地表水资源量的比例均超过90%。

表4　2014年各省级行政区天然年径流深与2013年和常年值比较

省 级行政区	径流深／mm	与2013年比较增减／%	与常年值比较增减／%	省 级行政区	径流深／mm	与2013年比较增减／%	与常年值比较增减／%
全　国	277.4	−2.3	−1.7	山　东	48.9	−59.9	−61.4
东部地区	471.3	−12.7	−3.1	河　南	107.2	44.1	−41.6
中部地区	378.3	0.9	0.1	湖　北	476.5	17.1	−12.0
西部地区	221.7	0.3	−1.9	湖　南	845.7	13.8	6.5
北　京	39.2	−31.7	−63.7	广　东	962.4	−24.2	−6.1
天　津	69.9	−22.9	−21.8	广　西	840.7	-3.2	5.2
河　北	25.0	−38.9	−60.9	海　南	1108.8	−23.7	24.6
山　西	41.7	−19.6	−24.9	重　庆	779.8	35.5	13.2
内蒙古	34.4	−51.1	−2.2	四　川	527.9	1.2	−2.2
辽　宁	85.0	−70.6	−59.1	贵　州	688.6	59.7	14.2
吉　林	133.9	−53.1	−27.1	云　南	450.6	1.2	−21.9
黑龙江	179.1	−35.0	18.7	西　藏	367.3	0.0	0.5
上　海	632.1	76.0	64.7	陕　西	158.5	−1.7	−17.8
江　苏	290.8	46.5	11.9	甘　肃	47.9	−27.4	−26.7
浙　江	1077.8	21.9	18.6	青　海	108.6	23.3	27.0
安　徽	511.1	35.7	9.3	宁　夏	15.8	−13.8	−14.0
福　建	983.8	5.7	3.3	新　疆	41.8	−23.8	−13.0
江　西	966.3	14.8	4.4				

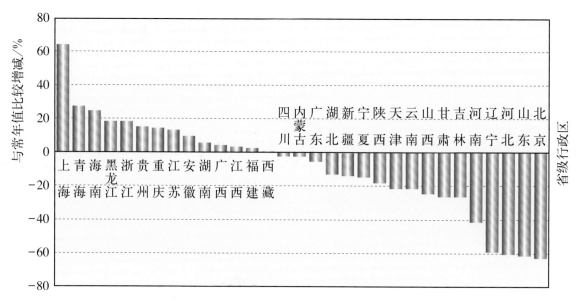

图7　2014年各省级行政区天然年径流深与常年值比较图

（三）地下水资源量

地下水资源量是指地下饱和含水层逐年更新的动态水量，即降水和地表水入渗对地下水的补给量。山丘区采用排泄量法计算，包括河川基流量、山前侧渗流出量、潜水蒸发量和地下水开采净消耗量，以总排泄量作为地下水资源量。平原区采用补给量法计算，包括降水入渗补给量、地表水体入渗补给量、山前侧渗补给量和井灌回归补给量，将总补给量扣除井灌回归补给量作为地下水资源量。在确定水资源分区或行政分区的地下水资源量时，扣除了山丘区与平原区之间的重复计算量。

全国矿化度小于等于2g/L的浅层地下水计算面积为841万km²，2014年地下水资源量7745.0亿m³，比常年值偏少4.0%。其中，平原区浅层地下水计算面积165万km²，地下水资源量1616.5亿m³；山丘区浅层地下水计算面积676万km²，地下水资源量6407.8亿m³；平原区与山丘区之间的地下水资源重复计算量279.3亿m³。2014年各水资源一级区的地下水资源量见表5，各省级行政区的地下水资源量见表6。

我国北方6区平原浅层地下水计算面积占全国平原区面积的91%，2014年地下水总补给量1370.3亿m³，是北方地区的重要供水水源。北方各水资源一级区平原地下水总补给量分别是：松花江区273.1亿m³，辽河区99.7亿m³，海河区124.4亿m³，黄河区161.2亿m³，淮河区280.3亿m³，西北诸河区431.6亿m³。在北方6区平原地下水总补给量中，降水入渗补给量、地表水体入渗补给量、山前侧渗补给量和井灌回归补给量分别占50.4%、35.8%、8.1%和5.7%。黄淮海平原和松辽平原以降水入渗补给量为主，占总补给量的70%左右；西北诸河平原区以地表水体入渗补给量为主，占总补给量的71%左右。2014年北方各水资源一级区平原地下水补给量组成见图8。

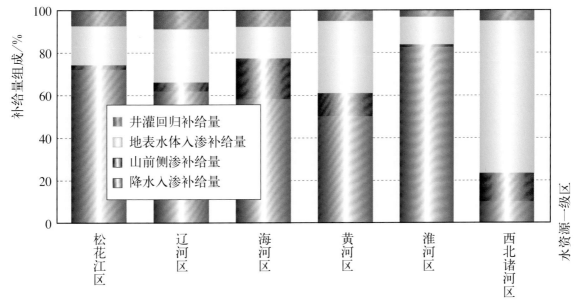

图8　2014年北方各水资源一级区平原地下水补给量组成图

（四）水资源总量

水资源总量是指当地降水形成的地表和地下产水总量，即地表产流量与降水入渗补给地下水量之和。在计算中，既可由地表水资源量与地下水资源量相加，扣除两者之间的重复量求得，也可由地表水资源量加上地下水与地表水资源不重复量求得。

2014年全国水资源总量为27266.9亿m³，比常年值偏少1.6%。地下水与地表水资源不重复量为1003.0亿m³，占地下水资源量的12.9%（地下水资源量的87.1%与地表水资源量重复）。全国水资源总量占降水总量45.2%，平均单位面积产水量为28.8万m³/km²。

2014年各水资源一级区水资源总量见表5，与常年值比较见图9。北方6区水资源总量4658.5亿m³，比常年值偏少11.6%，占全国的17.1%；南方4区水资源总量为22608.4亿m³，比常年值偏多0.7%，占全国的82.9%。

表5　2014年各水资源一级区水资源量

水资源一级区	降水量/mm	地表水资源量/亿m³	地下水资源量/亿m³	地下水与地表水资源不重复量/亿m³	水资源总量/亿m³
全　国	622.3	26263.9	7745.0	1003.0	27266.9
北方6区	316.9	3810.8	2302.5	847.7	4658.5
南方4区	1205.3	22453.1	5442.5	155.3	22608.4
松花江区	511.9	1405.5	486.3	207.9	1613.5
辽河区	425.5	167.0	161.8	72.7	239.7
海河区	427.4	98.0	184.5	118.3	216.2
黄河区	487.4	539.0	378.4	114.7	653.7
淮河区	784.0	510.1	355.9	237.9	748.0
长江区	1100.6	10020.3	2542.1	130.0	10150.3
其中：太湖流域	1288.3	204.0	46.4	24.9	228.9
东南诸河区	1779.1	2212.4	520.9	9.8	2222.2
珠江区	1567.1	4770.9	1092.6	15.5	4786.4
西南诸河区	1036.8	5449.5	1286.9	0.0	5449.5
西北诸河区	155.8	1091.1	735.6	96.3	1187.4

表6 2014年各省级行政区水资源量

省 级行政区	降水量／mm	地表水资源量／亿m³	地下水资源量／亿m³	地下水与地表水资源不重复量／亿m³	水资源总量／亿m³
全 国	622.3	26263.9	7745.0	1003.0	27266.9
东部地区	1045.8	5022.9	1516.4	309.4	5332.3
中部地区	925.4	6311.6	1971.9	457.2	6768.8
西部地区	501.0	14929.4	4256.7	236.4	15165.8
北 京	438.8	6.5	16.0	13.8	20.3
天 津	423.1	8.3	3.7	3.0	11.4
河 北	408.2	46.9	89.3	59.2	106.2
山 西	542.9	65.2	97.3	45.8	111.0
内蒙古	280.0	397.6	236.3	140.2	537.8
辽 宁	453.6	123.7	82.3	22.2	145.9
吉 林	518.2	251.0	120.2	55.0	306.0
黑龙江	563.1	814.4	295.4	130.0	944.3
上 海	1342.2	40.1	10.0	7.1	47.1
江 苏	1044.5	296.4	118.9	102.9	399.3
浙 江	1771.7	1118.2	231.8	13.9	1132.1
安 徽	1278.5	712.9	178.9	65.6	778.5
福 建	1705.0	1218.4	330.5	1.2	1219.6
江 西	1668.6	1613.3	397.2	18.5	1631.8
山 东	518.8	76.6	116.9	71.8	148.4
河 南	725.9	177.4	166.8	105.9	283.4
湖 北	1130.7	885.9	282.0	28.4	914.3
湖 南	1503.2	1791.5	434.1	7.9	1799.4
广 东	1691.2	1709.0	420.5	9.4	1718.4
广 西	1582.8	1989.6	403.0	1.3	1990.9
海 南	1993.0	378.7	96.7	4.8	383.5
重 庆	1270.0	642.6	121.8	0.0	642.6
四 川	926.1	2556.5	606.2	1.2	2557.7
贵 州	1273.3	1213.1	294.4	0.0	1213.1
云 南	1143.4	1726.6	558.4	0.0	1726.6
西 藏	574.6	4416.3	985.1	0.0	4416.3
陕 西	703.3	325.8	124.1	25.8	351.6
甘 肃	294.3	190.5	112.6	7.9	198.4
青 海	349.3	776.0	349.4	17.9	793.9
宁 夏	363.9	8.2	21.3	1.9	10.1
新 疆	145.6	686.6	443.9	40.4	726.9

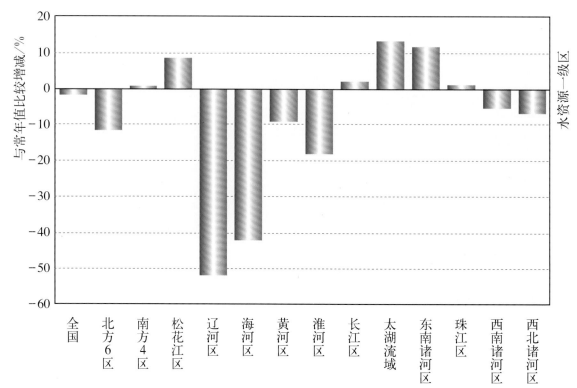

图9 2014年各水资源一级区水资源总量与常年值比较图

注：长江区包括太湖流域。

2014年各省级行政区水资源总量见表6，与常年值比较见图10。东部地区水资源总量5332.3亿m³，比常年值偏少3.5%，占全国的19.6%；中部地区水资源总量6768.8亿m³，

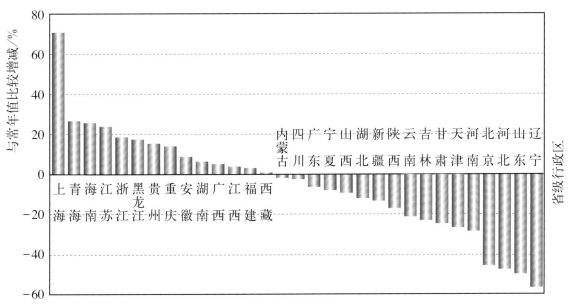

图10　2014年各省级行政区水资源总量与常年值比较图

比常年值偏多0.5%，占全国的24.8%；西部地区水资源总量15165.8亿m³，比常年值偏少1.8%，占全国的55.6%。

1956—2014年全国水资源总量变化过程见图11。与常年值比较，全国各年代水资源总量变化不大，20世纪90年代偏多3.9%，21世纪初偏少3.9%，21世纪10年代接近常年值。南、北方地区水资源总量的年代变化差异显著，其中，南方4区水资源总量的年

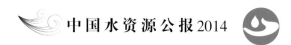

代变化趋势与全国基本一致，20世纪90年代偏多4.8%，21世纪初偏少3.2%，21世纪10年代偏少1.0%；北方6区水资源总量年代变化较为显著，20世纪90年代接近常年值，21世纪初偏少6.9%，21世纪10年代则偏多5.6%。

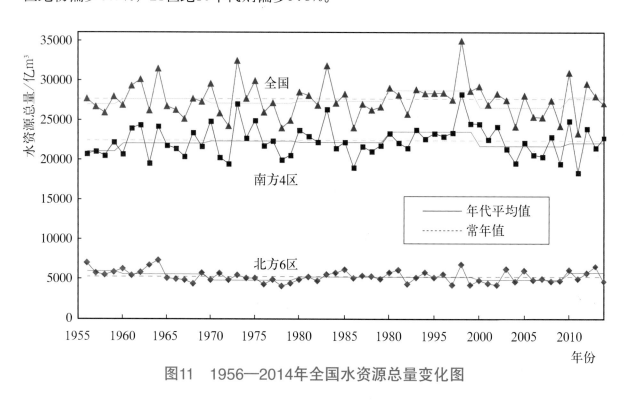

图11　1956—2014年全国水资源总量变化图

三、蓄水动态

（一）大中型水库蓄水动态

2014年对全国601座大型水库和3310座中型水库进行统计，水库年末蓄水总量3749.1亿m³，比年初蓄水总量增加229.2亿m³。其中，大型水库年末蓄水量为3351.3亿m³，比年初增加234.9亿m³；中型水库年末蓄水量397.8亿m³，比年初减少5.7亿m³。

在各水资源一级区中，松花江区、辽河区、海河区和西北诸河区4个水资源一级区水库年末蓄水量减少，其中松花江区减少52.0亿m³；其他6个水资源一级区均有不同程度的增加，其中长江区增加255.0亿m³。北方6区水库年末蓄水量比年初共减少73.0亿m³；南方4区水库年末蓄水量比年初共增加302.2亿m³。2014年各水资源一级区大中型水库年蓄水变量见图12。

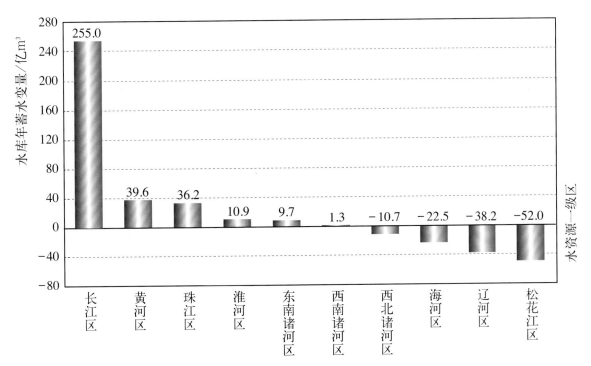

图12　2014年各水资源一级区大中型水库年蓄水变量图

各省级行政区水库年末蓄水量与年初比较，湖北、贵州和广西等16个省（自治区、直辖市）水库蓄水量增加，共增加蓄水量432.3亿m³；吉林、广东和辽宁等13个省（自治区、直辖市）水库蓄水量减少，共减少蓄水量203.1亿m³；西藏自治区水库蓄水量没有变化。2014年各省级行政区大中型水库蓄水变量见图13。

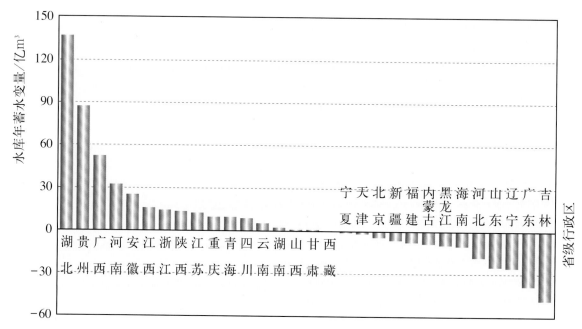

图13　2014年各省级行政区大中型水库年蓄水变量图

（二）北方平原区浅层地下水动态

2014年，北方16个省级行政区对73万km²平原地下水开采区进行了统计分析，年末浅层地下水储存量比年初减少72.5亿m³。其中，上升区（水位上升0.5m以上）面积占14.9%，地下水储存量增加100.4亿m³；下降区（水位下降0.5m以上）面积占28.7%，地下水储存量减少166.7亿m³；相对稳定区（水位变幅在正负0.5m以内）面积占56.4%，地下水储存量减少6.2亿m³。按水资源一级区统计，6个水资源一级区中，淮河区、黄河区和西北诸河区地下水储存量分别增加28.3亿m³、23.9亿m³和2.2亿m³，海河区、辽河区和松花江区分别减少92.2亿m³、24.4亿m³和10.3亿m³。2014年北方各水资源一级区平原浅层地下水储存量变化见图14。

按省级行政区统计，地下水储存量增加的有8个省（自治区），其中安徽和江苏分别增加14.5亿m³和11.7亿m³；储存量减少的有8个省（自治区、直辖市），其中河北、

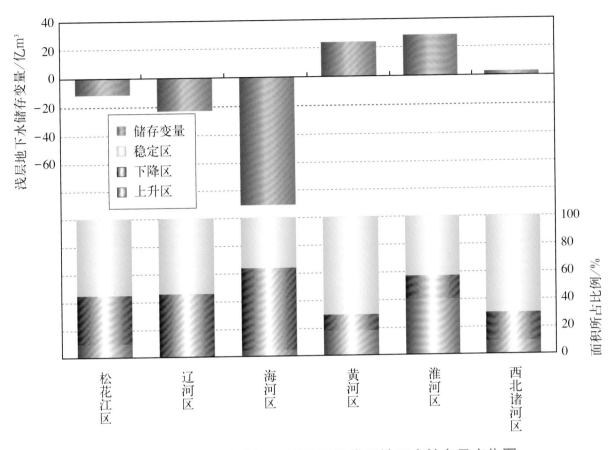

图14　2014年北方各水资源一级区平原浅层地下水储存量变化图

辽宁和山东分别减少53.1亿m³、16.6亿m³和12.5亿m³。2014年北方16个省级行政区平原浅层地下水储存量变化见图15。

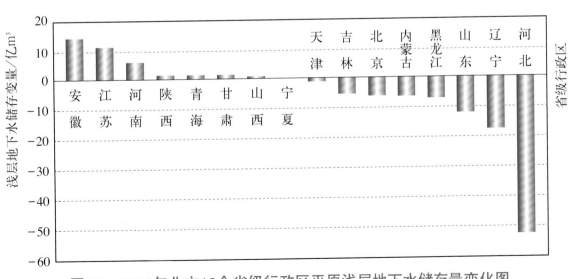

图15　2014年北方16个省级行政区平原浅层地下水储存量变化图

由1997—2014年北方平原区浅层地下水储存变量累积变化（见图16）可以看出，除1998年和2003年浅层地下水储存量有明显增加外，其他年份均持续减少或基本持平。从总体上看，北方平原地下水开采区浅层地下水储存变量累积变化从2003年以来呈现连续下降趋势，其中黄淮海平原尤为明显。与1980年比较，河北、北京、河南和山东4个省（直辖市）的平原区浅层地下水储存变量累积分别减少752亿m³、94亿m³、89亿m³和55亿m³。

图16　1997—2014年北方平原区浅层地下水储存变量累积变化图

（三）平原区地下水位降落漏斗

2014年，21个省级行政区对地下水位降落漏斗（以下简称漏斗）进行了不完全调查，共统计漏斗68个，年末总面积6.4万km²。在30个浅层（潜水）漏斗中，年末漏斗面积大于500km²的有11个，以河南安阳—鹤壁—濮阳漏斗、山东淄博—潍坊和莘县—夏津漏斗面积较大，分别达7000km²、5704km²和4046km²；年末漏斗中心水位埋深大于20m的有20个，以甘肃山丹县城关镇漏斗最深，为133m。在38个深层（承压水）漏斗中，年末漏斗面积大于500km²的有19个，以天津第Ⅲ含水组漏斗、江苏盐城漏斗和天津第Ⅱ含水组漏斗面积较大，分别为6635km²、4960km²和3638km²；年末漏斗中心水位埋深大于50m的有14个，以陕西西安市城区严重超采区漏斗、山西运城漏斗和太原漏斗、河北南宫漏斗较深，超过了100m。

2014年，年末与年初相比，浅层漏斗面积扩大的有16个，中心水位下降的有19个；深层漏斗面积扩大的有7个，中心水位下降的有12个。2014年部分省级行政区年末与年初相比地下水位降落漏斗面积变化见图17。

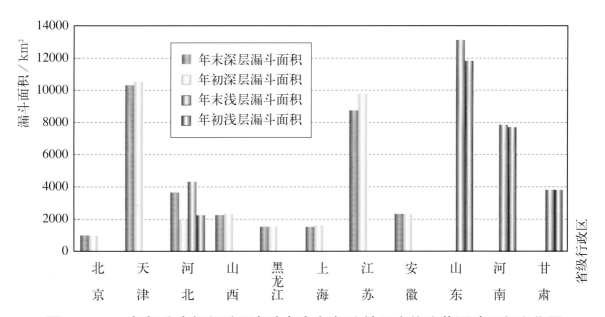

图17　2014年部分省级行政区年末与年初相比地下水位降落漏斗面积变化图

2003年以来，部分平原区地下水位降落漏斗总体状况有所好转。深层漏斗中，河北沧州漏斗面积减小835km²，中心水位上升2m；江苏苏锡常漏斗面积减小3027km²，中心水位上升25m。浅层漏斗中，山东单县漏斗面积减小855km²，中心水位上升9m；辽宁首山漏斗面积减小172km²，中心水位上升2m。但北京中心区深层漏斗、天津第Ⅲ含水组深层漏斗、山西运城深层漏斗、河北宁柏隆浅层漏斗、山东济宁—汶上浅层漏斗、河南安阳—鹤壁—濮阳浅层漏斗面积仍在持续扩大。部分地下水位降落漏斗面积和中心水位埋深变化见图18。

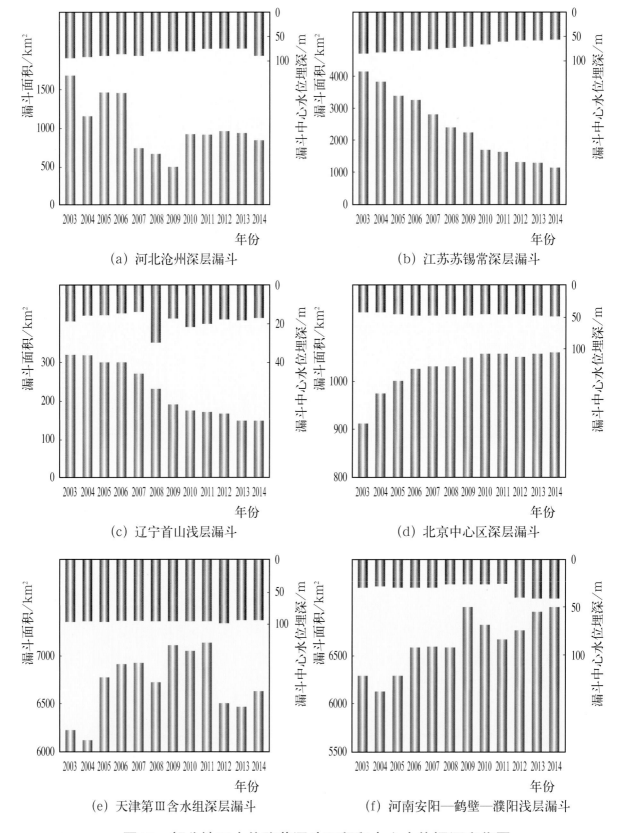

图18　部分地下水位降落漏斗面积和中心水位埋深变化图

四、水资源开发利用

（一）供水量

供水量指各种水源为用水户提供的包括输水损失在内的水量之和，按受水区分地表水源、地下水源和其他水源统计。地表水源供水量指地表水工程的取水量，按蓄水工程、引水工程、提水工程、调水工程四种形式统计；地下水源供水量指水井工程的开采量，按浅层淡水、深层承压水和微咸水分别统计；其他水源供水量包括污水处理回用、集雨工程、海水淡化等水源工程的供水量。海水直接利用量另行统计，不计入总供水量中。

2014年全国总供水量6095亿m³，占当年水资源总量的22.4%。其中，地表水源供水量4921亿m³，占总供水量的80.8%；地下水源供水量1117亿m³，占总供水量的18.3%；其他水源供水量57亿m³，占总供水量的0.9%。2014年全国总供水量组成见图19。

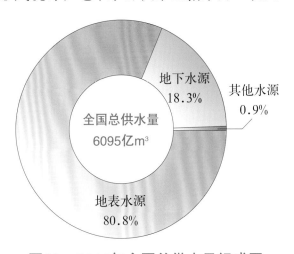

图19 2014年全国总供水量组成图

在地表水源供水量中，蓄水工程供水量占32.7%，引水工程供水量占32.1%，提水工程供水量占31.3%，水资源一级区间调水量占3.9%。全国跨水资源一级区调水主要分布在黄河下游向其左、右两岸的海河区和淮河区调水，以及长江下游向淮河区的调水，其中，海河区从黄河区引水41.48亿m³，淮河流域从长江区和黄河区分别引水96.14亿m³和25.50亿m³，山东半岛从长江区和黄河区分别引水0.20亿m³和17.23亿m³，长江区从淮河区、珠江区和西南诸河区的澜沧江流域分别引水6.30亿m³、0.30亿m³和0.73亿m³，珠江区从长江区、东南诸河区分别引水0.48亿m³和0.15亿m³，西北诸河区的甘肃河西走廊内陆河从黄河区引水2.42亿m³，黄河区的沁丹河从海河区的漳卫河引水0.03亿m³。2014年水资源一级区之间跨流域调水量见表7。在地下水供水量中，浅层地下水占85.8%，深层承压水占13.9%，微咸水占0.3%。在其他水源供水量中，主要为污水处理回用量和集雨工程利用量，分别占80.9%和15.3%。

表7　2014年水资源一级区之间跨流域调水量　　　　　　　　单位：亿m³

调入区＼调出区	海河区	黄河区	淮河区	长江区	珠江区	西北诸河区	合计
海河区		0.03					0.03
黄河区	41.48		42.73			2.42	86.63
淮河区				6.30			6.30
长江区			96.34		0.48		96.82
东南诸河区					0.15		0.15
珠江区				0.30			0.30
西南诸河区				0.73			0.73
合计	41.48	0.03	139.07	7.33	0.63	2.42	190.96

2014年全国海水直接利用量714亿m³，主要作为火（核）电的冷却用水。海水直接利用量较多的为广东、浙江、福建、江苏和山东，分别为286.7亿m³、155.3亿m³、58.4亿m³、56.3亿m³和55.7亿m³，其余沿海省份大都也有一定数量的海水直接利用量。

表8　2014年各水资源一级区供水量和用水量　　　　　　　　单位：亿m³

水资源一级区	供水量				用水量					
	地表水	地下水	其他	总供水量	生活	工业	其中：直流火（核）电	农业	生态环境	总用水量
全　国	4921	1117	57	6095	767	1356	478	3869	103	6095
北方6区	1750.5	989.3	40.3	2780.2	259.4	326.8	39.6	2126.9	67.1	2780.2
南方4区	3169.9	127.7	17.1	3314.7	507.2	1029.3	438.7	1742.1	36.1	3314.7
松花江区	288.5	218.6	0.9	507.9	29.8	54.7	13.7	414.7	8.8	507.9
辽河区	97.7	103.7	3.4	204.8	30.2	32.6	0.0	135.7	6.3	204.8
海河区	132.9	219.7	17.8	370.4	59.3	54.0	0.1	239.5	17.6	370.4
黄河区	254.6	124.7	8.2	387.5	43.1	58.6	0.0	274.5	11.3	387.5
淮河区	452.6	156.4	8.3	617.4	81.2	105.9	25.8	421.0	9.3	617.4
长江区	1919.7	81.3	11.7	2012.7	282.2	708.2	363.4	1002.6	19.7	2012.7
其中：太湖流域	338.2	0.3	5.0	343.5	52.8	206.6	162.0	81.9	2.3	343.5
东南诸河区	326.9	8.3	1.4	336.5	63.9	115.1	16.5	150.2	7.3	336.6
珠江区	824.6	33.1	3.9	861.6	152.6	196.1	58.8	504.6	8.3	861.6
西南诸河区	98.7	5.0	0.1	103.8	8.6	10.0	0.0	84.6	0.7	103.8
西北诸河区	524.4	166.3	1.6	692.2	15.8	21.0	0.0	641.5	13.8	692.2

注：生态环境用水不包括太湖的引江济太调水10.6亿m³、浙江的环境配水27.4亿m³和新疆的塔里木河向大西海子以下河道输送生态水、阿勒泰地区向乌伦古湖及科克苏湿地补水共9.7亿m³。

各水资源分区中，南方4区供水量3314.7亿m³，占全国总供水量的54.4%；北方6区供水量2780.2亿m³，占全国总供水量的45.6%。南方4区均以地表水源供水为主，其供水量占总供水量的95%以上；北方6区供水组成差异较大，除西北诸河区地下水供水量只占总供水量的24.0%外，其余5区地下水供水量均占有较大比例，其中海河区和辽河区的地下水供水量分别占总供水量的59.3%和50.6%。2014年各水资源一级区供水量见表8，供水量组成见图20。

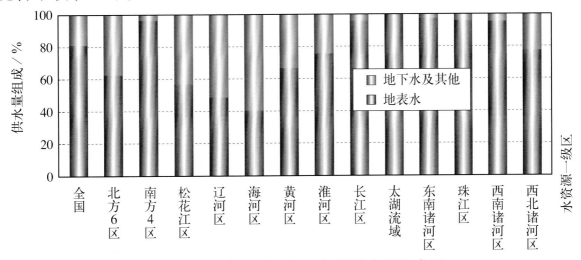

图20　2014年各水资源一级区供水量组成图

注：长江区包括太湖流域。

各省级行政区中，南方省份地表水供水量占其总供水量比重均在86%以上，而北方省份地下水供水量则占有相当大的比例，其中河北、河南、北京、山西和内蒙古5个省（自治区、直辖市）地下水供水量占总供水量约一半以上。2014年各省级行政区的供水量见表9，供水量组成见图21。

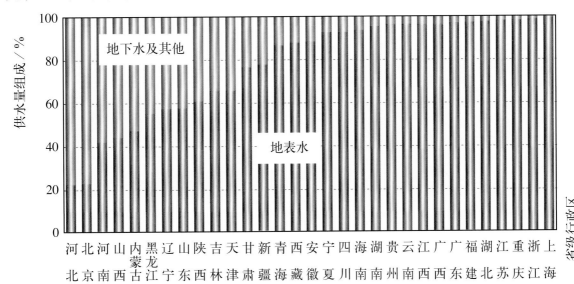

图21　2014年各省级行政区供水量组成图

表9 2014年各省级行政区供水量和用水量

单位：亿m³

省级行政区	供水量				用水量					
	地表水	地下水	其他	总供水量	生活	工业	其中:直流火(核)电	农业	生态环境	总用水量
全 国	4921	1117	57	6095	767	1356	478	3869	103	6095
北 京	9.3	19.6	8.6	37.5	17.0	5.1	0.0	8.2	7.2	37.5
天 津	15.9	5.3	2.8	24.1	5.0	5.4	0.0	11.7	2.1	24.1
河 北	46.8	142.1	4.0	192.8	24.1	24.5	0.1	139.2	5.1	192.8
山 西	32.8	35.1	3.5	71.4	12.2	14.2	0.0	41.5	3.4	71.4
内蒙古	89.1	90.8	2.2	182.0	10.5	19.7	0.0	137.5	14.3	182.0
辽 宁	80.0	58.4	3.3	141.8	24.4	22.8	0.0	89.7	4.9	141.8
吉 林	87.5	44.9	0.6	133.0	12.8	26.8	6.0	89.8	3.6	133.0
黑龙江	196.3	167.6	0.2	364.1	17.7	29.0	7.7	316.1	1.3	364.1
上 海	105.9	0.1	0.0	105.9	24.4	66.2	55.1	14.6	0.8	105.9
江 苏	574.7	9.7	6.9	591.3	52.8	238.0	186.6	297.8	2.7	591.3
浙 江	189.7	2.2	0.9	192.9	43.8	55.7	1.1	88.2	5.2	192.9
安 徽	239.9	30.3	1.8	272.1	31.9	92.7	50.6	142.8	4.7	272.1
福 建	198.5	6.5	0.7	205.6	31.5	75.3	15.9	95.6	3.2	205.6
江 西	248.3	9.1	2.0	259.3	27.4	61.3	16.9	168.6	2.1	259.3
山 东	121.3	86.0	7.3	214.5	33.4	28.6	0.0	146.7	5.8	214.5
河 南	88.6	119.4	1.3	209.3	33.4	52.6	4.9	117.6	5.7	209.3
湖 北	279.1	9.2	0.0	288.3	40.7	90.2	38.3	156.9	0.6	288.3
湖 南	314.6	17.8	0.0	332.4	41.8	87.7	27.5	200.2	2.7	332.4
广 东	425.5	15.3	1.7	442.5	96.1	117.0	36.2	224.3	5.1	442.5
广 西	295.2	11.6	0.8	307.6	39.2	56.8	22.3	209.2	2.4	307.6
海 南	41.9	3.0	0.1	45.0	7.5	3.9	0.1	33.4	0.2	45.0
重 庆	78.9	1.5	0.1	80.5	19.2	36.7	8.8	23.7	0.9	80.5
四 川	217.9	17.3	1.7	236.9	42.5	44.7	0.0	145.4	4.2	236.9
贵 州	90.9	2.8	1.7	95.3	16.6	27.7	0.0	50.4	0.7	95.3
云 南	142.5	5.8	1.1	149.4	19.5	24.6	0.2	103.3	2.0	149.4
西 藏	26.7	3.8	0.0	30.5	1.1	1.7	0.0	27.7	0.0	30.5
陕 西	55.2	33.3	1.3	89.8	15.4	14.0	0.0	57.9	2.5	89.8
甘 肃	90.9	28.1	1.6	120.6	8.2	12.8	0.0	97.8	1.8	120.6
青 海	22.6	3.6	0.1	26.3	2.5	2.4	0.0	21.0	0.4	26.3
宁 夏	64.7	5.5	0.2	70.3	1.7	5.0	0.0	61.3	2.3	70.3
新 疆	449.4	131.4	1.1	581.8	12.3	13.3	0.0	551.0	5.3	581.8

注：生态环境用水不包括太湖的引江济太调水10.6亿m³、浙江的环境配水27.4亿m³和新疆的塔里木河向大西海子以下河道输送生态水、阿勒泰地区向乌伦古湖及科克苏湿地补水共9.7亿m³。

（二）用水量

用水量是指各类用水户取用的包括输水损失在内的毛水量之和，按生活用水、工业用水、农业用水和生态环境补水四大类用户统计，不包括海水直接利用量。生活用水包括城镇生活用水和农村生活用水，其中城镇生活用水由居民用水和公共用水（含第三产业及建筑业等用水）组成；农村生活用水指居民生活用水。工业用水指工矿企业在生产过程中用于制造、加工、冷却、空调、净化、洗涤等方面的用水，按新水取用量计，不包括企业内部的重复利用水量。农业用水包括耕地灌溉和林、果、草地灌溉，鱼塘补水及牲畜用水。生态环境补水仅包括人为措施供给的城镇环境用水和部分河湖、湿地补水，而不包括降水、径流自然满足的水量。

2014年全国总用水量6095亿m³。其中，生活用水767亿m³，占总用水量的12.6%；工业用水1356亿m³〔其中直流火（核）电用水量为478亿m³〕，占总用水量的22.2%；农业用水3869亿m³，占总用水量的63.5%；生态环境补水103亿m³（不包括太湖的引江济太调水10.6亿m³、浙江的环境配水27.4亿m³和新疆的塔里木河向大西海子以下河道输送生态水、阿勒泰地区向乌伦古湖及科克苏湿地补水共9.7亿m³），占总用水量的1.7%。

按水资源分区统计，南方4区用水量3314.7亿m³，占全国总用水量的54.4%，其中生活用水、工业用水、农业用水和生态环境补水分别占全国同类用水的66.2%、75.9%、45.0%和35.0%；北方6区用水量2780.2亿m³，占全国总用水量的45.6%，其中生活用水、工业用水、农业用水和生态环境补水分别占全国同类用水的33.8%、24.1%、55.0%和65.0%。2014年各水资源一级区用水量见表8，用水量组成见图22。

按东、中、西部地区统计，用水量分别为2194.0亿m³、1929.9亿m³、1971.0亿m³，相应占全国总用水量的36.0%、31.7%、32.3%。生活用水比重东部高、中部及西部低，工业用水比重东部及中部高、西部低，农业用水比重东部及中部低、西部高，生态环境补水比重基本一致。在各省级行政区中用水量大于400亿m³的有江苏、新疆和广东3个省（自治区），用水量少于50亿m³的有天津、青海、西藏、北京和海南5个省（自治区、直辖市）。农业用水占总用水量75%以上的有新疆、西藏、宁夏、黑龙江、甘肃、青海和内蒙古7个省（自治区），工业用水占总用水量35%以上的有上海、重庆、江苏和福建4个省（直辖市），生活用水占总用水量20%以上的有北京、重庆、上海、浙江、广东和天津6个省（直辖市）。2014年各省级行政区用水量及用水量组成见表9和图23。

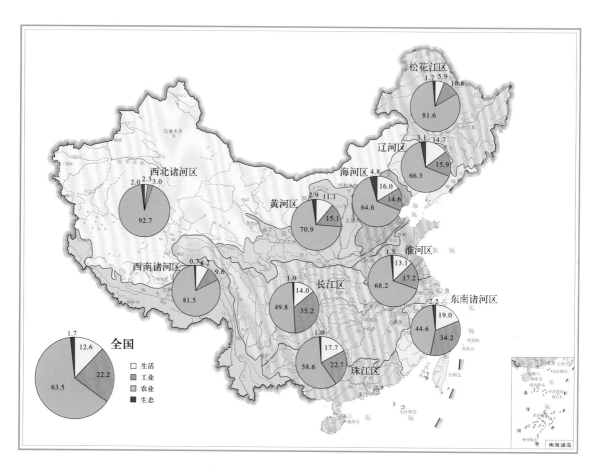

图22　2014年各水资源一级区用水量组成图（%）

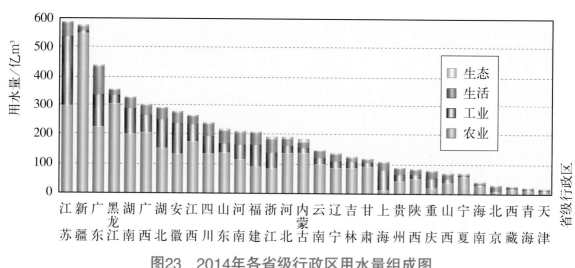

图23　2014年各省级行政区用水量组成图

　　根据1997年以来《中国水资源公报》统计，全国总用水量总体呈缓慢上升趋势，其中生活用水呈持续增加态势，工业用水从总体增加转为逐渐趋稳；农业用水受气候和实际灌溉面积的影响上下波动。生活用水和工业用水占总用水量的比例逐渐增加，农业用水占总用水量的比例则有所减少。1997—2014年全国用水量变化见图24。

　　按居民生活用水、生产用水、生态环境补水划分，2014年全国城镇和农村居民生活用水占9.0%，生产用水占89.3%，生态环境补水占1.7%。在生产用水中，第一产业用水（包括耕地灌溉，林、果、草地灌溉，鱼塘补水和牲畜用水）占总用水量的63.5%，第二产业用水（包括工业用水和建筑业用水）占22.9%，第三产业用水（包括商品贸易、餐饮住宿、交通运输、机关团体等各种服务行业用水）占2.9%。2014年全国总用水量组成见图25。

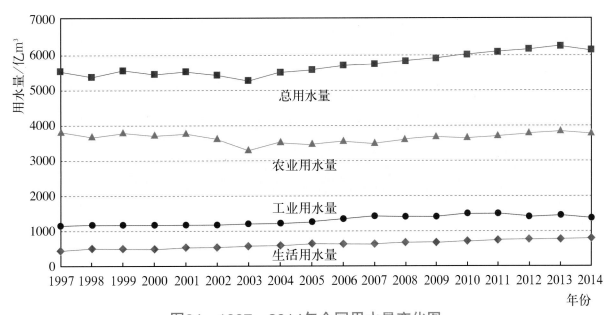

图24　1997—2014年全国用水量变化图

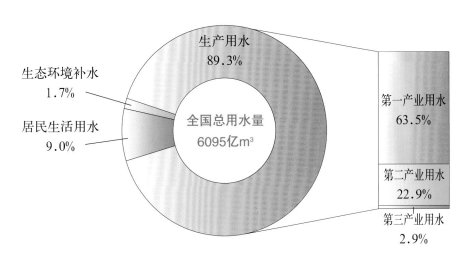

图25　2014年全国总用水量组成图

（三）耗排水量

1. 用水消耗量

用水消耗量指在输水、用水过程中，通过蒸腾蒸发、土壤吸收、产品吸附、居民和牲畜饮用等多种途径消耗掉，而不能回归到地表水体和地下含水层的水量。灌溉用水消耗量为毛用水量与回归地表、地下的水量之差，工业和生活用水消耗量为取水量与废污水排放量及输水的回归水量之差。

2014年全国用水消耗总量3222亿m³，耗水率（消耗总量占用水总量的百分比）53%。农业灌溉耗水量2494亿m³，占用水消耗总量的77.4%，耗水率65%；工业耗水量317亿m³，占用水消耗总量的9.8%，耗水率23%；生活耗水量328亿m³，占用水消耗总量的10.2%，耗水率43%；生态环境补水耗水量83亿m³，占用水消耗总量的2.6%，耗水率81%。2014年各水资源一级区用水消耗量及耗水率见表10。

表10 2014年各水资源一级区用水消耗量及耗水率

水资源一级区	松花江区	辽河区	海河区	黄河区	淮河区	长江区合计	太湖流域	东南诸河区	珠江区	西南诸河区	西北诸河区
耗水量／亿m³	314.2	134.2	249.4	248.4	386.5	848.1	92.9	162.6	356.1	68.6	453.6
耗水率／%	62	66	67	64	63	42	29	48	41	66	66

在各省级行政区中，耗水率较高的有西藏、山西和河北3个省（自治区），耗水率最低的为上海，2014年各省级行政区耗水率见图26。

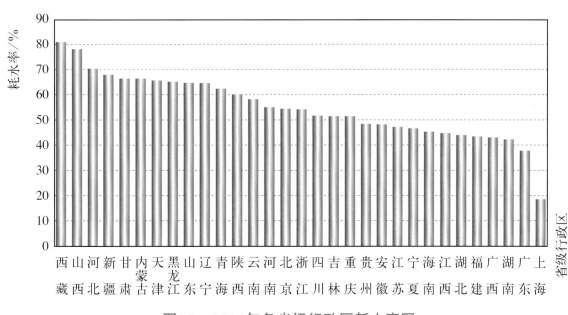

图26　2014年各省级行政区耗水率图

2. 废污水排放量

废污水排放量指工业、第三产业和城镇居民生活等用水户排放的水量，但不包括火电直流冷却水排放量和矿坑排水量。

经调查统计分析，2014年全国废污水排放总量771亿t，其中大于30亿t的有江苏、浙江、安徽、福建、江西、河南、湖北、湖南、广东、广西、四川11个省（自治区），小于10亿t的有天津、山西、内蒙古、海南、西藏、甘肃、青海、宁夏和新疆9个省（自治区、直辖市）。

（四）用水指标

2014年，全国人均综合用水量447m³，万元国内生产总值（当年价）用水量96m³。耕地实际灌溉亩均用水量402m³，农田灌溉水有效利用系数0.530，万元工业增加值（当年价）用水量59.5m³，城镇人均生活用水量（含公共用水）213L/d，农村居民人均生活用水量81L/d。

从水资源分区看，各水资源一级区中，人均综合用水量最高的是西北诸河区，最低的是海河区；万元国内生产总值用水量最高的是西北诸河区，较低的是海河区、淮河区、辽河区和东南诸河区；万元工业增加值用水量较高的是西南诸河区和长江区，较低的是海河区、黄河区、辽河区和淮河区。2014年各水资源一级区主要用水指标见表11。

表11　2014年各水资源一级区主要用水指标

水资源一级区	人均国内生产总值/万元	人均综合用水量/m³	万元国内生产总值用水量/m³	耕地实际灌溉亩均用水量/m³	人均生活用水量／L/d			万元工业增加值用水量/m³
					城镇生活	居民	农村居民	
全　国	4.665	447	96	402	213	133	81	59.5
松花江区	4.427	788	178	437	178	124	61	50.8
辽河区	5.938	360	61	329	183	113	80	21.5
海河区	5.540	247	45	202	135	85	71	16.6
黄河区	4.734	328	69	343	136	89	57	24.7
淮河区	4.763	311	65	246	146	101	74	27.2
长江区	4.939	446	90	458	245	150	83	78.8
其中：太湖流域	10.398	574	55	524	275	150	109	85.2
东南诸河区	6.682	420	63	460	278	154	117	49.9
珠江区	5.063	466	92	741	297	186	123	51.5
西南诸河区	2.139	470	220	472	177	121	69	103.1
西北诸河区	4.204	2117	503	587	208	133	66	39.4

注：1.万元国内生产总值用水量和万元工业增加值用水量指标按当年价格计算。

2.本表计算中所使用的人口数字为年平均人口数。

3.本表中"人均生活用水量"中的"城镇生活"包括居民家庭生活用水和公共用水（含第三产业及建筑业等用水），"居民"仅包括居民家庭生活用水。

按东、中、西部地区统计分析，人均综合用水量分别为389m³、451m³、537m³；万元国内生产总值用水量差别较大，分别为58m³、115m³、143m³，西部比东部高近1.5倍；耕地实际灌溉亩均用水量分别为363m³、357m³、504m³；万元工业增加值用水量分别为41.9m³、64.1m³、47.9m³。

因受人口密度、经济结构、作物组成、节水水平、气候因素和水资源条件等多种因素的影响，各省级行政区的用水指标值差别很大。从人均综合用水量看，大于600m³的有新疆、宁夏、西藏、黑龙江、江苏、内蒙古、广西7个省（自治区），其中新疆、宁夏、西藏和黑龙江分别达2551m³、1068m³、967m³和950m³；小于250m³的有天津、北京、山西、山东、河南和陕西等6个省（直辖市），其中天津最低，仅161m³。从万元国内生产总值用水量看，新疆最高，为628m³；小于50m³的有天津、北京、山东、上海、浙江和辽宁等6个省（直辖市），其中天津、北京分别为15m³、18m³。2014年各省级行政区主要用水指标见表12。

根据1997年以来《中国水资源公报》统计，用水效率明显提高，全国万元国内生产总值用水量和万元工业增加值用水量均呈显著下降趋势，耕地实际灌溉亩均用水

表12 2014年各省级行政区主要用水指标

省级行政区	人均国内生产总值/万元	人均综合用水量/m³	万元国内生产总值用水量/m³	耕地实际灌溉亩均用水量/m³	农田灌溉水有效利用系数	人均生活用水量/L/d			万元工业增加值用水量/m³
						城镇生活	居民	农村居民	
全　国	4.665	447	96	402	0.530	213	133	81	59.5
北　京	9.999	176	18	321	0.705	233	122	108	13.6
天　津	10.520	161	15	228	0.678	100	69	47	7.6
河　北	3.998	262	66	194	0.664	107	70	73	18.4
山　西	3.506	196	56	188	0.528	127	93	50	25.7
内蒙古	7.104	728	102	323	0.512	144	92	70	25.0
辽　宁	6.520	323	50	417	0.582	187	115	82	18.0
吉　林	5.017	483	96	386	0.556	177	125	67	41.7
黑龙江	3.923	950	242	451	0.581	178	125	57	61.1
上　海	9.734	438	45	445	0.731	294	148	113	89.9
江　苏	8.187	744	91	539	0.590	227	137	97	87.6
浙　江	7.297	350	48	346	0.579	272	149	118	33.3
安　徽	3.442	449	131	259	0.512	206	138	84	96.8
福　建	6.347	543	85	636	0.528	295	162	117	72.2
江　西	3.466	572	165	611	0.484	234	164	95	87.6
山　东	6.088	220	36	187	0.627	113	75	70	11.3
河　南	3.707	222	60	156	0.598	138	104	63	33.1
湖　北	4.712	496	105	431	0.494	286	164	73	82.0
湖　南	4.029	495	123	530	0.487	254	156	89	81.6
广　东	6.345	414	65	733	0.475	296	192	137	40.2
广　西	3.309	649	196	916	0.446	333	189	135	93.6
海　南	3.893	501	129	921	0.558	338	191	101	74.9
重　庆	4.786	270	56	307	0.475	238	167	81	71.0
四　川	3.513	292	83	392	0.446	213	139	83	36.0
贵　州	2.639	272	103	383	0.446	228	120	64	88.1
云　南	2.726	318	117	397	0.445	173	127	71	63.1
西　藏	2.923	967	331	613	0.410	212	100	54	252.7
陕　西	4.693	238	51	325	0.552	142	105	79	17.3
甘　肃	2.643	466	176	514	0.537	156	76	38	56.4
青　海	3.965	454	114	625	0.470	185	84	53	25.1
宁　夏	4.182	1068	255	759	0.475	111	70	28	51.1
新　疆	4.061	2551	628	605	0.521	185	123	73	41.7

注：1.万元国内生产总值用水量和万元工业增加值用水量指标按当年价格计算。

2.本表计算中所使用的人口数字为年平均人口数。

3.本表中"人均生活用水量"中的"城镇生活"包括居民家庭生活用水和公共用水（含第三产业及建筑业等用水），"居民"仅包括居民家庭生活用水。

量总体上呈缓慢下降趋势，人均综合用水量基本维持在400~450m³之间。1997—2014年全国主要用水指标变化见图27。2014年与1997年比较，耕地实际灌溉亩均用水量由492m³下降到402m³；按2000年可比价计算，万元国内生产总值用水量由705m³下降到167m³，17年间下降了76%；万元工业增加值用水量由363m³下降到85m³，17年间下降了77%。与2010年相比，农田灌溉水有效利用系数提高0.028，按可比价计算，万元国内生产总值用水量和万元工业增加值用水量分别下降26%和32%。

虽然近几十年来，我国水资源利用效率有大幅度提高，但是与发达国家和世界先进水平相比还有较大差距。我国与世界部分国家和地区水资源利用效率比较见表13。

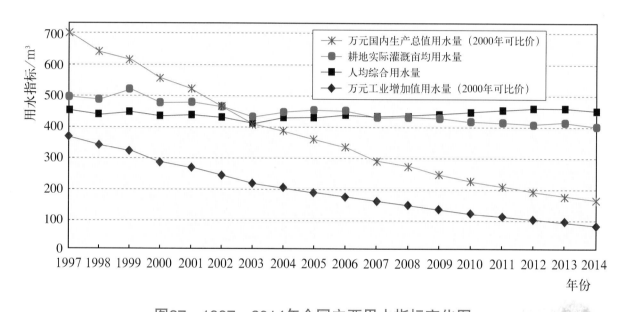

图27　1997—2014年全国主要用水指标变化图

表13 我国与世界部分国家水资源利用效率比较

	国家	水资源总量[①]/亿m³	人均水资源量[②]/m³	用水总量[③]/亿m³	农业用水比重[④]/%	人均用水量[⑤]/m³	万美元GDP用水量[⑥]/m³	万美元工业增加值用水量[⑦]/m³	用水统计数据对应年份
	美国	28180	8914	4896	35.7	1583	360	948	2010
	日本	4300	3371	809	67.2	633	175	88	2011
	德国	1070	1307	330	0.2	404	112	353	2010
	英国	1450	2262	108	9.2	171	43	76	2011
	法国	2000	3029	283	10.7	436	129	523	2010
	意大利	1825	2996	454	34.0	759	248	447	2008
	加拿大	28500	81062	380	12.6	1067	326	1139	2009
	西班牙	1112	2384	335	63.5	720	275	240	2010
	韩国	649	1292	333	47.7	669	315	55	2011
	俄罗斯	43130	30049	662	19.9	455	1110	2053	2001
高等收入	澳大利亚	4920	21270	197	65.7	854	228	116	2013
	荷兰	110	655	100	0.1	603	146	605	2011
	瑞典	1710	17812	27	3.6	287	64	157	2010
	波兰	536	1391	115	9.6	298	281	635	2012
	比利时	120	1072	62	0.6	572	154	620	2009
	奥地利	550	6491	37	9.7	439	110	295	2008
	挪威	3820	75135	29	28.8	631	94	111	2006
	丹麦	60	1069	6.5	25.2	117	25	24	2012
	希腊	580	5230	95	89.3	846	361	36	2007
	芬兰	1070	19671	16	3.1	297	82	214	2005
	爱尔兰	490	10663	8.8	0.4	212	39	8.0	2007
	葡萄牙	380	3616	85	69.0	805	441	360	2005
	新加坡	6	111	6.3	0.0	118	34	60	2012
	以色列	7.5	93	21.3	49.0	274	130	—	2010
	智利	8850	50228	267	85.8	653	1960	621	2007
	捷克	132	1255	18	2.3	175	119	199	2012
	新西兰	3270	73141	48	72.0	1088	397	—	2010
	斯洛伐克	126	2327	6.9	3.0	128	94	132	2007
	卢森堡	10	1841	0.45	0.4	85	11	47	2012
	斯洛文尼亚	187	9076	9.3	0.2	454	241	690	2012
	冰岛	1700	526313	1.7	42.4	541	101	41	2005
	爱沙尼亚	127	9549	16	0.2	1233	1043	3659	2012
	瑞士	404	4999	20	10.1	248	42	87	2012

国家	水资源总量[1]/亿m³	人均水资源量[2]/m³	用水总量[3]/亿m³	农业用水比重[4]/%	人均用水量[4]/m³	万美元GDP用水量[4]/m³	万美元工业增加值用水量[4]/m³	用水统计数据对应年份
中国	28412	2093	6094.9	63.5	447	1167	521	2014
巴西	56610	28254	748	60.0	383	682	492	2010
墨西哥	4090	3343	803	76.7	673	837	239	2011
土耳其	2270	3029	500	72.0	676	796	438	2012
南非	448	846	125	62.7	262	506	128	2000[5]
阿根廷	2920	7106	378	73.9	928	1368	462	2011
伊朗	1285	1659	933	92.2	1346	5084	137	2004
泰国	2245	3350	573	90.4	845	2943	321	2007
哥伦比亚	22700	47589	118	54.3	261	680	435	2008
马来西亚	5800	19517	112	22.4	433	780	720	2005
委内瑞拉	8050	26476	226	73.8	818	1302	103	2007[5]
秘鲁	16410	54024	137	88.7	477	1431	—	2008
罗马尼亚	423	2107	69	17.0	338	597	1051	2009
匈牙利	60	605	51	6.4	509	453	1397	2012
哈萨克斯坦	644	3780	211	66.2	1304	2737	2135	2010
印度	14460	1155	7610	90.4	613	6103	515	2010
印度尼西亚	20190	8080	1133	81.9	505	4993	673	2000[5]
尼日利亚	2210	1273	131	53.8	94	1168	407	2005
菲律宾	4790	4868	816	82.2	860	6698	2080	2009
巴基斯坦	550	302	1835	94.0	1038	14686	435	2008
埃及	18	22	683	86.4	973	9058	1529	2000
乌克兰	531	1165	192	6.2	408	2234	5477	2005
越南	3594	4006	820	94.8	965	154956	1414	2005
乌兹别克斯坦	163	539	560	90.0	2140	39140	5065	2005
赞比亚	802	5516	16	73.3	148	2556	886	2002
刚果共和国	2220	49914	0.5	4.0	14	42	55	2002[5]
蒙古	348	12258	5.5	43.6	206	1694	2604	2009

左侧分组标注：中高等收入（中国至哈萨克斯坦）；中低等收入（印度至蒙古）

数据说明：①水资源总量指国（境）内多年平均可再生水资源总量，数据来源于FAO（联合国粮食及农业组织）的AQUASTAT数据库，其中中国数据按照《全国水资源综合规划》进行了更新。②各国人口均采用2013年的统计数据。③数据来源于FAO的AQUASTAT数据库，其中中国按照本公报数据，美国、日本、法国、意大利、加拿大、荷兰、韩国、以色列、新加坡分别按照其官方发布的最新数据进行了更新。④用各国对应年份的用水总量（工业用水量）除以GDP（工业增加值）计算得到，其中各国GDP和工业增加值数据来源于世界银行WDI数据库（采用2005年不变美元价），各国用水总量和工业用水量数据来源同③。⑤鉴于FAO的AQUASTAT数据库更新了南非、委内瑞拉、印度尼西亚、刚果共和国工业用水量统计数据（均更新到2005年），此4国万美元工业增加值用水量均为2005年数据。

五、水体水质

（一）河流水质

2014年，根据水利系统全国水资源质量监测站网的监测资料，采用《地表水环境质量标准》（GB 3838—2002），对全国21.6万km的河流水质状况进行了评价。全年Ⅰ类水河长占评价河长的5.9%，Ⅱ类水河长占43.5%，Ⅲ类水河长占23.4%，Ⅳ类水河

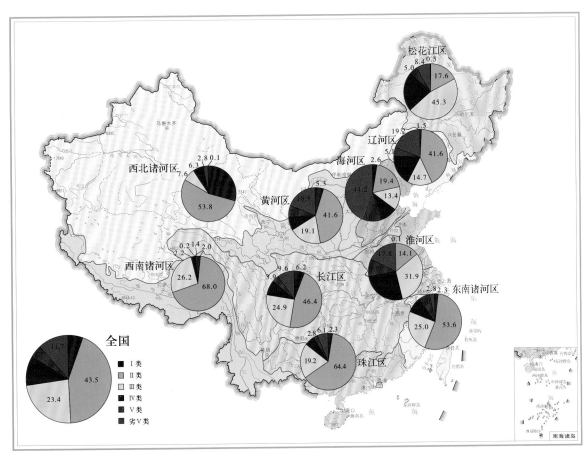

图28　2014年各水资源一级区各类水河长占评价河长比例图（%）

长占10.8%，Ⅴ类水河长占4.7%，劣Ⅴ类水河长占11.7%，水质状况总体为中。主要污染项目是氨氮、化学需氧量、总磷、五日生化需氧量。全国Ⅰ～Ⅲ类水河长比例为72.8%，与2013年河流水质评价结果比较分析表明（同比15万km河长），Ⅰ～Ⅲ类水河长比例上升3.3个百分点，劣Ⅴ类水河长比例下降1.9个百分点。

从水资源分区看，西南诸河区、西北诸河区水质为优，珠江区、长江区、东南诸河区水质为良，松花江区、黄河区、辽河区、淮河区水质为中，海河区水质为劣。2014年各水资源一级区各类水河长占评价河长比例见表14和图28。

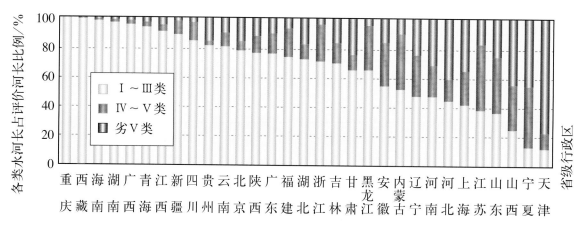

图29　2014年各省级行政区各类水河长占评价河长比例图

表14　2014年各水资源一级区河流水质状况

水资源 分区	评价河长 /km	分类河长占评价河长百分比/%					
		Ⅰ类	Ⅱ类	Ⅲ类	Ⅳ类	Ⅴ类	劣Ⅴ类
全　国	215763.0	5.9	43.5	23.4	10.8	4.7	11.7
松花江区	15300.2	0.5	17.6	45.3	23.2	5.0	8.4
辽河区	4938.2	1.5	41.6	14.7	17.9	5.1	19.2
海河区	14468.2	2.6	19.4	13.4	9.7	10.7	44.2
黄河区	19066.1	5.3	41.6	19.1	8.0	7.1	18.9
淮河区	23416.0	0.1	14.1	31.9	26.5	9.6	17.8
长江区	64552.7	6.2	46.4	24.9	9.0	3.9	9.6
其中：太湖流域	5886.3	0.0	7.3	17.1	29.1	20.4	26.1
东南诸河区	9615.5	2.3	53.6	25.0	9.3	7.0	2.8
珠江区	25796.4	2.3	64.4	19.2	5.2	2.8	6.1
西南诸河区	18419.2	2.0	68.0	26.2	2.2	0.2	1.4
西北诸河区	20190.5	29.4	53.8	7.6	6.3	0.1	2.8

从行政分区看（不含长江干流、黄河干流），西部地区的河流水质好于中部地区，中部地区水质好于东部地区，东部地区水质相对较差。在31个省级行政区中，重庆、西藏、海南、湖南、广西、青海、江西、新疆河流水质为优，四川、贵州、云南、北京、陕西、广东、福建河流水质为良，湖北、浙江、吉林、黑龙江、安徽、内蒙古、江苏河流水质为中，甘肃、辽宁、河南、上海、山东河流水质为差，河北、山西、宁夏、天津河流水质为劣。2014年各省级行政区各类水河长占评价河长比例见表15和图29。

（二）湖泊水质

　　2014年，对全国开发利用程度较高和面积较大的121个主要湖泊共2.9万km²水面进行了水质评价。全年总体水质为Ⅰ～Ⅲ类的湖泊有39个，Ⅳ～Ⅴ类的湖泊57个，劣Ⅴ类的湖泊25个，分别占评价湖泊总数的32.2%、47.1%和20.7%。主要污染项目是总磷、五日生化需氧量和氨氮。

　　湖泊营养状况评价结果显示，处于中营养状态的湖泊有28个，占评价湖泊总数的23.1%；处于富营养状态的湖泊有93个，占评价湖泊总数的76.9%。在富营养湖泊中，处于轻度富营养状态的湖泊有53个，占富营养湖泊总数的57.0%；处于中度富营养状态的湖泊有38个，占富营养湖泊总数的40.9%；处于重度富营养状态的湖泊有2个，占富营养湖泊总数的2.1%。

　　与2013年湖泊水质评价结果比较分析表明（同比119个湖泊），Ⅰ～Ⅲ类水质湖泊的个数比例上升0.9个百分点，富营养状态湖泊比例上升6.7个百分点。

1.“三湖”水质状况

　　（1）太湖：若总氮不参加评价，全湖总体水质为Ⅳ类。其中，东太湖和东部沿岸区水质为Ⅲ类，占评价水面面积的18.9%；五里湖、梅梁湖、贡湖、湖心区、西部沿岸区和南部沿岸区为Ⅳ类，占78.2%；竺山湖为Ⅴ类，占2.9%。

　　若总氮参评，全湖总体水质为Ⅴ类。其中，东太湖水质为Ⅲ类，占评价水面面积的7.4%；五里湖、东部沿岸区水质为Ⅳ类，占评价水面面积的11.7%；贡湖、湖心区和南部沿岸区为Ⅴ类，占64.1%；其余湖区均为劣Ⅴ类，占16.8%。

　　太湖处于中度富营养状态。各湖区中，五里湖、东太湖和东部沿岸区处于轻度富营养状态，占湖区评价面积的19.1%；其余湖区处于中度富营养状态，占80.9%。

　　（2）滇池：耗氧有机物及总磷、总氮污染均十分严重。无论总氮是否参加评价，水质均为Ⅴ类，处于中度富营养状态。

　　（3）巢湖：西半湖污染程度重于东半湖。无论总氮是否参加评价，总体水质均为Ⅴ类。其中，东半湖水质为Ⅳ～Ⅴ类、西半湖为Ⅴ～劣Ⅴ类。湖区整体处于中度富营养状态。

表15　2014年各省级行政区河流水质状况

省级行政区	评价河长/km	分类河长占评价河长百分比/%					
		I类	II类	III类	IV类	V类	劣V类
全　国	215763.0	5.9	43.5	23.4	10.8	4.7	11.7
北　京	501.9	0.0	79.5	0.0	5.8	0.0	14.7
天　津	1707.6	0.0	4.6	6.9	5.1	6.2	77.2
河　北	8942.7	4.2	25.2	15.3	8.0	7.3	40.0
山　西	1463.4	4.8	12.9	7.6	15.6	14.2	44.9
内蒙古	5970.4	0.0	20.4	31.8	29.1	9.6	9.1
辽　宁	2411.6	3.1	31.2	14.1	23.5	5.3	22.8
吉　林	6141.7	1.2	33.3	36.3	12.4	1.0	15.8
黑龙江	6819.0	0.0	13.4	52.3	24.4	4.9	5.0
上　海	719.8	0.0	0.0	42.2	15.3	8.0	34.5
江　苏	17558.3	0.0	7.5	31.2	34.1	11.2	16.0
浙　江	3126.2	6.5	34.7	31.1	13.9	9.4	4.4
安　徽	7408.5	0.0	36.4	18.6	23.0	7.4	14.6
福　建	8198.2	0.2	49.7	26.0	9.1	8.7	6.3
江　西	6543.0	3.2	69.5	19.4	1.8	1.5	4.6
山　东	9514.2	0.2	11.2	25.1	22.0	16.1	25.4
河　南	4232.2	4.5	25.9	17.9	13.6	8.0	30.1
湖　北	8321.3	11.0	45.7	17.9	4.2	4.8	16.4
湖　南	8928.2	1.8	47.2	48.8	1.7	0.3	0.2
广　东	9756.8	0.6	46.3	31.3	7.7	4.6	9.5
广　西	7498.5	6.1	84.3	6.2	1.1	1.4	0.9
海　南	1985.0	0.0	88.0	11.5	0.5	0.0	0.0
重　庆	580.0	0.0	29.8	70.2	0.0	0.0	0.0
四　川	7793.7	7.7	62.5	15.5	9.9	1.5	2.9
贵　州	7443.8	0.0	76.8	5.6	1.6	1.1	14.9
云　南	15680.8	1.4	60.1	20.2	8.2	1.7	8.4
西　藏	8395.5	3.6	62.0	34.2	0.1	0.0	0.1
陕　西	6265.2	5.4	50.3	23.0	2.0	7.4	11.9
甘　肃	6356.1	6.1	50.0	10.0	5.9	4.6	23.4
青　海	7916.2	24.0	70.4	0.3	0.4	2.1	2.8
宁　夏	1375.8	0.0	11.7	0.8	28.4	13.1	46.0
新　疆	14487.0	34.7	48.9	7.5	6.6	0.0	2.3
长江干流	6256.8	17.4	24.5	58.1	0.0	0.0	0.0
黄河干流	5463.6	0.0	64.3	30.4	5.3	0.0	0.0

　　注：省级行政区数据不含长江干流、黄河干流。

2. 城市内湖水质状况

属城市内湖的北京昆明湖、福海总体水质分别为Ⅲ类和Ⅳ类，均处于轻度富营养状态；杭州西湖总体水质为Ⅲ类，处于中营养状态；济南大明湖总体水质为Ⅳ类，处于中度富营养状态。

3. 省界湖泊水质状况

上海—江苏交界处的淀山湖总体水质为Ⅴ类，处于中度富营养状态；山东—江苏交界处的南四湖总体水质为Ⅲ类，处于轻度富营养状态；江苏—安徽交界处的石臼湖总体水质为Ⅳ类，处于轻度富营养状态；安徽—湖北交界处的龙感湖、南太子湖总体水质分别为Ⅳ类、劣Ⅴ类，分别处于轻度和中度富营养状态；四川—云南交界处的泸沽湖总体水质为Ⅱ类，处于中营养状态。

4. 面积在100km²以上的湖泊水质状况

面积在100km²以上湖泊的水质及营养状况见表16。

表16　面积在100km²以上湖泊的水质及营养状况

湖泊名称	省级行政区	水质类别	营养状况
白洋淀	河北	Ⅴ	轻度富营养
查干湖	吉林	Ⅴ	轻度富营养
太湖（含五里湖）	江苏、浙江、上海	Ⅴ	中度富营养
洪泽湖	江苏	Ⅲ	轻度富营养
骆马湖	江苏	Ⅲ	中营养
白马湖	江苏	Ⅳ	轻度富营养
高邮湖	江苏	Ⅲ	轻度富营养
邵伯湖	江苏	Ⅲ	轻度富营养
宝应湖	江苏	Ⅳ	轻度富营养
滆湖	江苏	Ⅳ	中度富营养
石臼湖	江苏、安徽	Ⅳ	轻度富营养

湖泊名称	省级行政区	水质类别	营养状况
大官湖黄湖	安徽	IV	轻度富营养
黄湓河升金湖	安徽	IV	中营养
菜子湖	安徽	IV	轻度富营养
南漪湖	安徽	III	轻度富营养
城西湖	安徽	IV	中度富营养
城东湖	安徽	IV	轻度富营养
女山湖	安徽	V	轻度富营养
瓦埠湖	安徽	IV	轻度富营养
泊 湖	安徽	III	中营养
龙感湖	安徽、湖北	IV	轻度富营养
巢 湖	安徽	V	中度富营养
鄱阳湖	江西	V	中营养
南四湖	山东、江苏	III	轻度富营养
东平湖	山东	III	轻度富营养
洪 湖	湖北	IV	轻度富营养
梁子湖	湖北	III	轻度富营养
斧头湖	湖北	III	中营养
长 湖	湖北	V	轻度富营养
洞庭湖	湖南	IV	轻度富营养
滇 池	云南	V	中度富营养
抚仙湖	云南	II	中营养
洱 海	云南	III	中营养
班公错	西藏	III	中营养
纳木错	西藏	劣V	中营养
普莫雍错	西藏	III	中营养
羊卓雍错	西藏	劣V	中营养
佩枯错	西藏	劣V	中营养
青海湖	青海	II	中营养
克鲁克湖	青海	II	中营养
乌伦古湖	新疆	劣V	中度富营养
赛里木湖	新疆	I	中营养
艾比湖	新疆	劣V	重度富营养
博斯腾湖	新疆	III	中营养
金沙滩	新疆	III	轻度富营养

注：西藏的纳木错氟化物超标，羊卓雍错、佩枯错镉超标。

（三）水库水质

2014年，对全国247座大型水库、393座中型水库及21座小型水库，共661座主要水库进行了水质评价。全年总体水质为Ⅰ～Ⅲ类的水库有534座，Ⅳ～Ⅴ类水库有97座，劣Ⅴ类水库有30座，分别占评价水库总数的80.8%、14.7%和4.5%。主要污染项目是总磷、五日生化需氧量、高锰酸盐指数、氨氮等。

2014年进行营养状况评价的水库有635座，处于中营养状态的水库有398座，占评价水库总数的62.7%；处于富营养状态的水库有237座，占评价水库总数的37.3%。在富营养水库中，处于轻度富营养状态的水库有190座，占富营养水库总数的80.2%；中度富营养水库有44座，占富营养水库总数的18.5%；重度富营养水库有3座，占富营养水库总数的1.3%。

与2013年水库水质评价结果比较分析表明（同比625座水库），Ⅰ～Ⅲ类水质水库个数比例下降1.0个百分点，富营养状态水库个数比例下降1.4个百分点。

（四）水功能区水质达标状况

水功能区是指为满足水资源合理开发、利用、节约和保护的需求，根据水资源的自然条件和开发利用现状，按照流域综合规划、水资源与水生态系统保护和经济社会发展要求，依其主导功能划定范围并执行相应水环境质量标准的水域。水功能区划采用两级体系，一级区划旨在从宏观上调整水资源开发利用与保护的关系，二级区划主要协调不同用水行业间的关系。

表17 2014年全国满足水域功能目标的水功能区比例

水功能区名称	评价数／个	满足水域功能目标数／个	比例／%
保护区	720	393	54.6
保留区	951	644	67.7
缓冲区	587	262	44.6
一级区合计	2258	1299	57.5
饮用水源区	1110	624	56.2
工业用水区	603	348	57.7
农业用水区	800	309	38.6
渔业用水区	100	36	36.0
景观娱乐用水区	346	117	33.8
过渡区	261	117	44.8
排污控制区	73	23	31.5
二级区合计	3293	1574	47.8
水功能区合计	5551	2873	51.8

2014年全国评价水功能区5551个，满足水域功能目标的2873个，占评价水功能区总数的51.8%。其中，满足水域功能目标的一级水功能区（不包括开发利用区）占57.5%；二级水功能区占47.8%。2014年全国满足水域功能目标的水功能区比例见表17。

评价全国重要江河湖泊水功能区3027个，符合水功能区限制纳污红线主要控制指标要求的2056个，达标率为67.9%。其中，一级水功能区（不包括开发利用区）达标率为72.1%，二级水功能区达标率为64.8%。2014年全国重要江河湖泊水功能区水质达标率见表18。

表18　2014年全国重要江河湖泊水功能区水质达标率①

水功能区名称	近期规定评价数/个	达标数/个	达标率/%
保护区	428	306	71.5
保留区	469	391	83.4
缓冲区	403	240	59.6
一级区合计	1300	937	72.1
饮用水源区	644	507	78.7
工业用水区	319	208	65.2
农业用水区	386	200	51.8
渔业用水区	56	37	66.1
景观娱乐用水区	136	66	48.5
过渡区	186	101	54.3
二级区合计	1727	1119	64.8
水功能区合计	3027	2056	67.9

注：2014年全国近期规定水功能区评价个数不包括断流水域的水功能区。

① 达标率指按照《国务院办公厅关于印发实行最严格水资源管理制度考核办法的通知》（国办发〔2013〕2号）规定的水功能区限制纳污红线主要控制项目评价的达标率。水功能区限制纳污红线"十二五"主要控制项目为高锰酸盐指数与氨氮。

（五）省界水体水质

2014年，各流域水资源保护机构对全国527个重要省界断面进行了监测评价，Ⅰ～Ⅲ类、Ⅳ～Ⅴ类、劣Ⅴ类水质断面比例分别为64.9%、16.5%和18.6%，全国省界断面水质状况总体为中。主要污染项目是氨氮、总磷、化学需氧量。与上一年评价成果比较分析表明（同比485个省界断面），Ⅰ～Ⅲ类断面比例上升4.7个百分点，劣Ⅴ类断面比例下降1.8个百分点。2014年全国省界断面水质类别比例见图30。

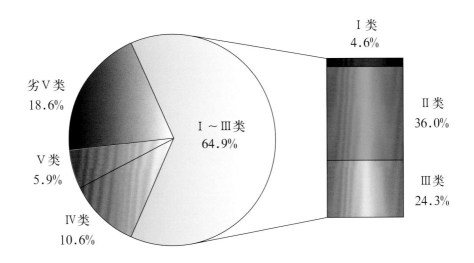

图30　2014年全国省界断面水质类别比例图

各水资源一级区省界断面水质状况：西南诸河区、东南诸河区为优，珠江区、松花江区、长江区为良，淮河区为中，辽河区、黄河区为差，海河区为劣。2014年各水资源一级区省界断面水质状况见表19。

（六）集中式饮用水水源地水质

2014年，29个省（直辖市、自治区）共监测评价606个集中式饮用水水源地。全年水质合格率在80%及以上的水源地有437个，占评价总数的72.1%。与2013年集中式饮用水水源地水质评价结果比较分析表明（同比568个集中式饮用水水源地），全年水质合格率在80%及以上的水源地比例上升0.7个百分点。

参加评价的168个国家重要饮用水水源地中，供水保证率达到95%的水源地有165个，占参评国家重要饮用水水源地总数的98.2%；水质达到或优于Ⅲ类标准的有166个，占参评总数的98.8%。

（七）地下水水质

2014年，各流域对主要分布在北方的17个省（自治区、直辖市）平原区的2071眼水质监测井进行了监测评价，这些监测井基本涵盖了地下水开发利用程度较大、污染较严重的地区。监测对象以易受地表水或土壤水污染下渗影响的浅层地下水为主，评价结果显示：2071眼监测井总体水质较差，其中，水质优良的监测井占评价监测井总数的0.5%、水质良好的占14.7%、水质较差的占48.9%、水质极差的占35.9%。主要污染项目除总硬度、锰、铁和氟化物可能由于水文地质化学影响背景值偏高外，氨氮、亚硝酸盐氮和硝酸盐氮"三氮"污染情况较重，部分地区存在一定程度的重金属和有毒有机物污染。

表19 2014年各水资源一级区省界断面水质状况

水资源分区	分类断面数比例/%		劣V类断面分布
	I～III类	劣V类	
松花江区	83.0	6.4	阿伦河、雅鲁河的内蒙古—黑龙江交界处； 卡岔河的吉林—黑龙江交界处
辽河区	19.0	23.8	阴河的河北—内蒙古交界处； 老哈河的辽宁—内蒙古交界处； 招苏台河、条子河的吉林—辽宁交界处
海河区	31.7	61.7	潮白河、北运河、沟河、凤港减河、小清河、大石河的北京—河北交界处； 北京排水河的北京—天津交界处； 潮白河、蓟运河、北运河、沟河、还乡河、双城河、大清河、青静黄排水渠、子牙河、子牙新河、北排水河、沧浪渠的河北—天津交界处； 卫运河、漳卫新河的河北—山东交界处； 卫河的河南—河北交界处； 徒骇河的河南—山东交界处； 饮马河的内蒙古—山西交界处； 南运河的山东—河北交界处； 桑干河、南洋河的山西—河北交界处等
黄河区	49.3	34.2	湟水的青海—甘肃交界处； 都斯图河的内蒙古—宁夏交界处； 皇甫川、窟野河、牸牛川的内蒙古—陕西交界处； 葫芦河、渝河、茹河的宁夏—甘肃交界处； 金堤河的河南—山东交界处； 龙王沟的内蒙古入黄处； 偏关河、蔚汾河、湫水河、三川河、鄂河、汾河、涑水河的山西入黄处； 皇甫川、孤山川、清涧河、延河、金水沟的陕西入黄处； 双桥河、宏农涧河的河南入黄处等
淮河区	49.0	18.4	洪汝河、南洺河、大沙河（小洪河）、沱河、包河的河南—安徽交界处； 奎河的江苏—安徽交界处； 灌沟河南支的安徽—江苏交界处； 绣针河、青口河的山东—江苏交界处
长江区	76.6	7.3	清流河的安徽—江苏交界处； 舞水的贵州—湖南交界处； 清河、黄渠河的河南—湖北交界处； 牛浪湖的湖北—湖南交界处
其中：太湖流域	24.4	24.4	浏河、吴淞江、盐铁塘的江苏—上海交界处； 枫泾塘、秀州塘、惠高泾、上海塘、胥浦塘的浙江—上海交界处； 大德塘的江苏—浙江交界处
东南诸河区	90.0	10.0	甘岐水库的浙江—福建交界处
珠江区	85.5	5.5	黄华江的广东—广西交界处； 深圳河的广东—香港交界处
西南诸河区	100		

《中国水资源公报》编委会成员

主　编：矫　勇　胡四一
副主编：周学文　汪　洪　陈明忠
编　委：（以姓氏笔画为序）
　　　　王　浩　王爱国　邓　坚　刘伟平　刘建明　匡尚富
　　　　朱尔明　朱党生　许文海　张建云　李仰斌　李砚阁
　　　　杨得瑞　汪安南　陈　明　庞进武　高而坤

《中国水资源公报》编写成员单位

中华人民共和国水利部
各流域机构
各省、自治区、直辖市水利（水务）厅（局）
中国水利水电科学研究院
水利部水利水电规划设计总院
中国灌溉排水发展中心
南京水利科学研究院
水利部发展研究中心

《中国水资源公报》编写组

组　长：陈明忠（兼）
副组长：贾金生　王建华
成　员：（以姓氏笔画为序）
　　　　仇亚琴　王国新　冯保清　卢　琼　甘　泓　齐兵强
　　　　刘国军　张绍强　张海涛　张续军　张象明　张鸿星
　　　　李云玲　李怡庭　杜　霞　杜军凯　汪党献　林　锦
　　　　夏　朋　黄　菊　彭文启